U0174214

悦宅记图典

家装细部设计与风格定位

家装细部设计与风格定位图典编写组 编

淳朴美式风格

机械工业出版社
CHINA MACHINE PRESS

本书包括传统美式风格和现代美式风格两章内容，以风格设计的基本原则为切入点，详细解读了传统美式风格和现代美式风格的色彩、家具、灯具、布艺、花艺、绿植、饰品及材料的基本特点与搭配手法。每章中详细地划分出客厅、餐厅、卧室、书房、玄关走廊等主要生活区，通过对经典案例的色彩、家具、配饰、材料等方面的深度解析，让读者更直观、有效地获取装修灵感。本书提供线上视频资料，内容翔实、丰富，线上与线下的搭配参考，增强了本书的实用性。

图书在版编目（CIP）数据

悦宅记：家装细部设计与风格定位图典. 淳朴美式
风格／家装细部设计与风格定位图典编写组编. —北京：
机械工业出版社, 2022.2
ISBN 978-7-111-69989-7

Ⅰ. ①悦… Ⅱ. ①家… Ⅲ. ①住宅－室内装饰设计－
图集 Ⅳ. ①TU241.01-64

中国版本图书馆CIP数据核字(2022)第007525号

机械工业出版社（北京市百万庄大街22号　邮政编码 100037）
策划编辑：宋晓磊　　　　责任编辑：宋晓磊　李宣敏
责任校对：刘时光　　　　封面设计：鞠　杨
责任印制：张　博
北京利丰雅高长城印刷有限公司印刷

2022年2月第1版第1次印刷
184mm×260mm·7印张·168千字
标准书号：ISBN 978-7-111-69989-7
定价：49.00元

电话服务　　　　　　　网络服务
客服电话:010-88361066　机　工　官　网：www.cmpbook.com
　　　　010-88379833　机　工　官　博：weibo.com/cmp1952
　　　　010-68326294　金　书　网：www.golden-book.com
封底无防伪标均为盗版　机工教育服务网：www.cmpedu.com

FOREWORD 前 言

　　对于家装设计来说,居室的风格定位与材料、色彩、软装等方面的搭配是至关重要的。选择合适的软装元素、配色原则以及装饰材料与家装风格相契合,是缔造舒适、完美的家居环境的最佳切入点,只有清晰明了地了解这些基本的搭配原则并将其应用到家装中,才能展现出不同风格家装的不同魅力。

　　本书从风格设计的基本原则入手,简化了大量的基础知识,通过浅显易懂的文字,细致解读了不同装饰风格的色彩搭配、家具选择、灯具选择、布艺织物选择、花艺绿植选择、饰品选择、装饰材料选择等。此外,每个章节还介绍了客厅、餐厅、卧室、书房、玄关走廊等空间的设计案例,对特色案例进行详细讲解,有益于读者更快速、有效地获取灵感资源,轻松打造出一个赏心悦目的、有独特情调的居住环境。

　　参加本书编写的有:许海峰、庄新燕、何义玲、何志荣、廖四清、刘永庆、姚姣平、郭胜、葛晓迎、王凤波、常红梅、张明、张金平、张海龙、张淼、郇春元、许海燕、刘琳、史樊兵、史樊英、吕源、吕荣娇、吕冬英、柳燕。

　　希望本书能为设计师及广大业主、家居爱好者提供帮助。

CONTENTS 目录

第 1 章

传统美式风格

传统美式风格色彩怎么搭配

传统美式风格源于欧洲文化，它摒弃了巴洛克和洛可可风格所追求的华丽与浮夸，配色多以茶色、咖啡色、浅褐色等大地色系为主色，利用相近色之间的呼应，使空间展现出和谐、舒适、稳重的氛围。

一看就懂的
传统美式风格色彩

背景色的选择

背景色是整体空间中所占比例最大的，因此在选择时，应尽量以浅色为主。在传统美式风格的居室中，背景色宜选择奶白色、浅米色、浅卡其色等视觉效果较为柔和的色调。因为传统风格居室中的家具通常会选用不同深度的棕色、米色、咖啡色或茶色等，他们与浅色背景色的过渡会更和谐、舒适，也能在一定程度上弱化深色的沉闷感。

• 壁纸以淡淡的米色作为底色，搭配传统美式风格经典的植物图案，既能弱化深色家具的沉闷感，又能烘托出安逸、恬静的居室氛围

• 以白色+米白色为背景色的餐厅，发挥了白色的包容性与米白色的柔和美，为家具的颜色选择预留更多空间

深棕色与浅木色作为客厅的主体色，颜色对比明快且不失传统美式风格的稳重感

• 主体家具选择白色，能够提高小空间的开阔感，棕黄色元素的加入，增添居室色彩层次的同时也不会让配色显得突兀

主体色的选择

不同深度的棕色、米色、咖啡色以及茶色等大地色系都能作为传统美式风格居室中主体色的备选方案，不同的颜色运用在不同的材质上，所表现出的层次感也不尽相同，会让传统美式风格居室古朴、厚重的传统美感更加突出。

点缀色的选择

点缀色的作用是提升整体配色的层次感，同时又不显得过于突兀。传统美式风格居室的点缀色宜选择低明度、低饱和度的颜色来进行点缀，这样整体的配色效果才符合其平和、稳重的风格特点。

• 点缀色的选择与主体色形成呼应，增添了整体居室配色的层次感，也让深浅颜色的过渡更平稳、和谐

• 低明度、低饱和度的绿色作为卧室的点缀色，可以让卧室的自然感更浓，配合浅棕黄色的木地板、深色家具、浅色墙面，整体色彩过渡更显平和、稳重

传统美式风格家具怎么选

传统美式风格家具最迷人之处在于造型、纹路、雕饰和细腻高贵的色调。用色一般以单一的深色为主，强调实用性的同时非常重视装饰，使整体家居氛围更显稳重优雅。

一看就懂的
传统美式风格家具

传统美式家具总体特点

传统美式家具的雕刻简约，只在腿足、柱子、顶冠等处雕花点缀，不会有大面积的雕刻和过分的装饰，使用起来更舒适，更讲究格调、观赏性和舒适性。

• 柱腿式的实木茶几，坚实、敦厚，稳重感十足

• 家具保留了木材的原色，搭配金属雕花更显贵气

• 深棕色的饰面配合圆角处理，使得家具的质感更突出

家具颜色的选择

传统美式风格家具的色调细腻高贵。用色一般以单一色为主，如棕黄色、棕红色或保持木色的原本色调，家具强调实用性的同时也重视装饰，以风铃草、麦束和旋涡形为主要装饰图案，常用镶嵌装饰手法，并饰以油漆或者浅浮雕。

家具材质的选择

传统美式风格家具的材质通常使用胡桃木和枫木，为了突出木质本身的特点，它的贴面采用复杂的薄片处理，使纹理本身成为一种装饰，可以在不同角度下产生不同的光感。

• 实木与布艺结合的餐厅家具，舒适、宽大、厚重的样式，是传统美式家具的最大亮点

• 实木箱式茶几没有复杂的雕花，简单的柱腿式设计也能突显传统美式家具的特点

经典家具单品推荐

• 实木四柱床+双色床头柜

• 柱腿式老虎椅+实木收纳柜

• 实木箱式茶几

• 柱腿式脚凳

传统美式风格灯具怎么选

传统美式风格灯具的选材比较考究，相对也会有一定的重量感。选择时应充分考虑灯具安装的墙面、顶棚的承重性，有了安全性的保证后再考虑装饰效果。

• 烛台式吊灯，全铜材质，彰显了传统灯具的精致与考究

一看就懂的
传统美式风格灯具

传统美式风格灯具常见样式及造型

传统美式风格灯具比较注重古典情怀，材料选择较为考究也十分多元化，有铁艺、树脂、铜质、水晶、陶瓷等，常以古铜色、亮铜色、黑色的铸铁为灯具框架，搭配暖色的光源，形成冷暖相衬的装饰效果。

• 黄铜材质的环形吊灯搭配白色磨砂灯罩，材质与颜色的组合，尽显传统美式风格灯具的贵气之美

经典灯具单品推荐

• 美式手工玻璃台灯

• 美式风扇式吊灯

• 美式风琴式吊灯

• 美式铜质壁灯

• 美式台灯

传统美式风格布艺织物怎么选

传统美式风格家居中的窗帘、地毯、床品等布艺元素，一般以棉、麻、呢绒、仿真丝面料居多。棉麻材质的布艺粗犷、原始，适合营造乡村格调；呢绒与仿真丝面料则更细腻贵气，适合打造相对华丽的居室氛围。

布艺织物的常见图案及颜色

布艺织物作为美式风格家居中最主要的装饰元素，其装饰图案多以饱满的大朵花卉为主，如月桂、茛苕、玫瑰等图案。色彩以自然色调为主，以酒红色、墨绿色、土褐色等最为常见。

• 床品选择大型植物图案，不需要单独摆放装饰植物，也能提升室内的自然氛围

常见布艺图案推荐

大朵花卉图案

• 不规则几何图案+格子图案+条纹图案

传统美式风格花艺、绿植怎么选

传统美式风格受欧洲古典文化的熏陶，给人奢华且安逸的感觉，室内花艺、绿植的陈设是必不可少的。地毯海棠、绿萝、绿巨人这些不开花的绿叶植物能衬托出传统美式风格的田园气质，而月季、蔷薇这些复杂的花朵则更能突显传统美式风格的奢华感。

• 黄色跳舞兰是餐厅中比较常见的花卉，不仅促进食欲，还能增添节日氛围

花艺、绿植的陈设原则

传统美式风格宽敞且富有历史气息，花艺和植物是极具代表性的元素，会让整个居室的氛围或自由奔放，或温暖舒适。陈设原则应以益于身心健康为首要前提，香味过于浓烈的植物容易引起过敏，尽量避免放在室内。

经典花艺、绿植推荐

• 牡丹

• 绣球

• 仿真玫瑰

传统美式风格饰品怎么选

　　自由、随意、浪漫、多元化是传统美式风格的重要特点。饰品的选择比较注重自然元素的运用，铜质烛台、实木相框或装饰画等饰品中都能找到自然元素的影子。

一看就懂的
传统美式风格饰品

桌旗、茶具、挂钟等饰物，简单精致，与其他家具一起创造出一个简约、精致的传统美式风格的居室空间

传统美式风格饰品的陈列

　　传统美式风格在饰品陈列上比较注重构件的层次，以便营造历史的厚重感。比如一高一矮的烛台，前小后大的瓷器饰品，甚至是组合摆放的相框都会通过形状、颜色的变化来体现层次错落的美感。

专统美式风格饰品推荐

● 手工玻璃花器

● 装饰画+金属摆件

● 金属相框+复古油灯

传统美式风格装饰材料怎么选

石材、木材等选材天然的装饰材料，颜色丰富、纹理自然、风格迥异，能够突显出传统美式风格自然、原始、古朴的韵味。搭配时，可以根据自己的喜好或经济情况进行选择，既能大面积使用，也可以只在局部点缀运用。

一看就懂的
传统美式风格装饰材料

材料质感的特点

木材与石材的线条粗犷有力，给人以坚固的感觉，能够强调传统美式风格厚重、沧桑的历史感；壁纸的质感朴素、典雅，搭配丰富的纹理或图样，是营造居室氛围的佳品。

• 略显粗犷的砖体搭配细腻的乳胶漆，质感的对比为居室增添一份传统美式风格的原始美感

• 米色大理石装饰的主题墙，无须任何复杂的设计，便能彰显出传统风格的魅力

• 石膏线条赋予墙面立体感与层次感，简单的选材也能创造出别样的美感

材料颜色的选择

木材作为家具或护墙板的主材，颜色多以棕黄色、棕红色为主，可以适当地搭配一条错层造型的木质线条，这样能让空间看上去更有层次感。石材的颜色以米色、浅咖啡色、浅棕色为主；壁纸的可选颜色较多，选择纯色或带有植物图案、传统图案都可以。

材料的经典组合推荐

• 缠枝花图案壁纸＋有色乳胶漆，营造出一个清新、自然的传统美式风格卧室

软包＋乳胶漆，颜色对比柔和，具有很好的吸声功能，同时也调和了深色家具的沉闷感

• 白色护墙板＋有色乳胶漆，浅灰色与白色的配色组合简约、干净，与深色家具搭配，使得传统空间也多了一份明快之感

• 红砖＋木地板＋乳胶漆，材质质感的鲜明对比，激发出传统美式风格淳朴、原始的美感

传统美式风格

「客厅」

→
色彩：白色作为背景色，很好地包容了家具的深色

家具：古朴的色调与考究的选材，是传统美式家具的亮点

材质：地面的仿古砖采用菱形铺装方式，对角处搭配的花砖强化了传统美感

▲ **色彩**：米色与白色被大面积运用，营造出传统美式风格温馨、舒适的背景氛围

家具：实木家具的选材十分考究，宽大厚重的样式，让使用感受更舒适

材质：壁纸、乳胶漆、木线条装饰的墙面，虽然没有复杂的设计，但也不失层次感

色彩： 主题墙选择了低饱和度的蓝色，与沙发、窗帘形成呼应，强调了室内配色的整体感

家具： 宽大的布艺沙发给人的感觉柔软、舒适，也彰显了传统美式风格安逸的氛围

材质： 木地板的纹理清晰，色调雅致，为居室增温不少

色彩： 以原木色为主体色的客厅，很有一番传统美式返璞归真的寓意与格调

家具： 传统的柱腿式木质家具坚实厚重的造型，看起来质感十足

材质： 墙砖与细腻的木饰面板装饰的电视墙，层次分明

▲ **色彩：** 以棕黄色与土黄色为主色的客厅，选择了白色作背景色，使整个客厅的配色纯粹而干净

配饰： 插花与绿植的运用，让传统美式客厅有了不可或缺的自然之感

材质： 大块地毯的运用，弱化了仿古砖的冷硬质感，触感更舒适

▲ **色彩:** 低明度的大地色作为客厅的主色调，更显了传统美式风格居室的沉稳、内敛的气质

家具: 围坐式布置的沙发，可以满足更多人的使用需求

材质: 仿古砖永远是传统美式居室的最爱

▲ **色彩:** 淡淡的浅灰色作为背景色，为传统美式风格的空间注入了一份现代时尚感

配饰: 烛台及各种小饰品都带有一些金属色，点缀出一个精致而贵气的传统美式空间

材质: 壁纸搭配木线条装饰了整个空间的墙面，层次分明，配色和谐

▲ **色彩:** 低饱和度的蓝色与大地色组成客厅的主色，再通过白色调和，使整体色感更和谐

家具: 组合电视柜是客厅的一个亮点，既有传统美式家具的考究格调，又为居家生活创造出很多的收纳空间

材质: 乳胶漆作为客厅的主要装饰材料，可以通过色彩的变换来突显材质细腻的美感

色彩： 以淡淡的鹅黄色为背景色，再配以墨绿色的布艺沙发与窗帘，营造的色彩感觉十分淡雅、清爽

家具： 布艺沙发搭配实木家具，不需要复杂的装饰，也能突显出传统美式居室的魅力

材质： 电视墙作为客厅的主角，选择了带有植物图案的壁纸，与居室内布艺元素形成呼应，也迎合了空间的自然基调

色彩： 以米色与白色为客厅的背景色，适当地融入蓝色、黄色和浅灰色，让整个空间的配色和谐而舒适

配饰： 装饰画、台灯、花艺等元素丰富了空间表情

材质： 护墙板与乳胶漆装饰的墙面，质感与美感并存

色彩： 主题墙选择绿色，大大提升了客厅的自然气息

家具： 木质家具细微处的雕花虽然简单，但也能彰显出传统美式家具的考究与精致

材质： 半通透的隔断装饰了电视墙，为整体空间增添了灵动感

色彩： 浅米色作背景色才能更好地包容传统家具的深色，让居室的整体色感更显平和

家具： 实木家具精美的雕花突显了传统美式风格家具的复古魅力

材质： 米白色玻化砖装饰的地面，整洁干净，与带有传统图案的地毯搭配得很出彩

色彩： 以白色为背景色的客厅，即使地板和家具的颜色略深，也不会显得沉闷

配饰： 花艺、饰品、抱枕等小件元素，丰富了空间表现，为整个空间增添了活跃感

材质： 木质元素与壁纸的组合，无论是触感还是视感都能给人带来舒适感

色彩： 以蓝色与白色为背景色的客厅，给人的感觉是明快而浪漫的，棕红色家具的运用则增添了空间的稳重感

配饰： 吊灯四周搭配了一些筒灯作为辅助照明，丰富了空间的光影效果，沙发两侧的台灯，做工考究，选择暖光也使室内氛围柔化不少

材质： 仿古砖装饰了客厅的地面，为室内增添了沉稳、质朴的气息

色彩： 黑色作为主体色，突显了传统美式风格的沉稳气度，布艺、花卉的点缀为传统美式风格带来自然感

家具： 布艺沙发选择佩斯利图案作为装饰，传统韵味更浓郁

材质： 白色护墙板装饰的墙面，视觉效果十分整洁、干净

色彩： 深棕色作为客厅的主色调，分别运用在木质家具和沙发上，通过不同的材质体现出的色差，虽然很微弱，但很难得

配饰： 绿植的摆放为客厅带来强烈而浓郁的自然气息

材质： 文化砖装饰的电视墙是客厅的一个亮点，为室内增添了一份乡村气息

▲ **色彩：**以米白色为背景色的客厅给人的感觉宽敞明亮，深色家具则为空间注入稳重感，加上绿植、花卉的点缀，整体氛围又多了一份自然气息

家具：木质家具的样式简洁大方，清晰的纹理更能突显材质的质感

材质：大量木材的运用十分符合传统美式风格淳朴、原始的风格格调

▲ **色彩：**深浅大地色组合运用，组成了客厅的主色调，再用白色和暖色调和，整个色彩过渡和谐，氛围舒适

配饰：灯光的组合运用不仅丰富了客厅的光影层次，也让墙面壁纸的图案得以突显，强化了居室的自然氛围

材质：仿古砖装饰了整个客厅的地面，做旧的饰面效果为精致的空间平添了一份质朴

▼ **色彩：**明亮的黄色点缀在以大地色为主色调的空间中，出挑惹眼，丰富了整个居室的配色层次，为居室带来了活力

配饰：灯具、花艺、茶几、装饰品等小件配饰装点出传统美式风格的复古情怀

材质：硬包与木线条装饰的主题墙，层次分明，没有过于复杂的设计，看起来却很有立体感

色彩： 将适当的绿色融入这个以棕色、咖色为主色调的客厅中，打破了传统配色的沉闷，自然气息满满

家具： 布艺沙发给人的第一感觉就是舒适，堆砌摆放的抱枕也加强了传统美式风格的慵懒之风

材质： 裸砖经过刷白处理，粗糙感得以弱化，与质感细腻的石材、乳胶漆的材质组合，视感和谐不少

色彩： 浅米色与白色作为背景色，与灰、黑色调的主体色形成有效对比，让传统美式风格配色也有了不一样的明快感

配饰： 装饰画让沙发墙成为室内亮点，植物题材也为居室带来不可或缺的自然感

材质： 玻化砖采用菱形铺装，让简单的材质组合呈现丰富的视觉效果，再配上一张柔软的地毯，舒适度得到明显提升

色彩： 棕色与咖色的调和，弱化了蓝色与米白色的对比，少量红色的点缀，明艳而惹眼

家具： 实木家具最出彩的地方就是转角处的雕花，简约、大方中透露出传统工艺的精湛技艺

材质： 整个空间的地面都铺装了仿古砖，防滑、耐磨，为了增强设计感，在对角处添加了小块锦砖作为点缀修饰

▲ **色彩：** 棕色、浅咖色、白色在客厅中的使用面积较大，强调了传统美式风格的色彩基调，绿色起到缓解沉闷、活跃氛围的作用

配饰： 布艺元素与装饰画都以植物为题材，即使没有特地摆放花草，也能让人感受到自然的气息

材质： 木材、壁纸再加上仿古砖，简单的选材，彰显了传统美式风格理念中对自然、质朴的热爱与向往

▲ **色彩：** 整个客厅以浅色为背景色，融合度很高，与家具、地板的深色组合在一起，呈现的色彩氛围简洁而唯美

家具： 创意矮凳与单人座椅的运用，填补了一字形沙发的不足，随意挪动，灵活实用

材质： 壁纸的图案让简单的墙面更有层次感

◀ ┄┄┄┄

色彩： 白色作为背景色搭配深棕色，再选用浅米色、浅灰色作为中间色，弱化对比，也让色彩过渡更和谐

家具： 皮革沙发是传统美式空间的最爱

材质： 以护墙板与乳胶漆组合装饰墙面，是传统美式风格居室中比较经典的装饰手法

色彩：选择明快的颜色点缀在以棕红色为主色调的空间中，既能打破深色的沉闷，又不会破坏传统配色的格调

家具：矮凳和美式老虎椅的运用，在配色与功能上都是不可或缺的亮点

材质：整体空间都采用木地板来铺装地面，通直的纹理让视觉延伸感更强

色彩：浅米色的沙发与背景色保持同一色调，为客厅创造出一个温馨、舒适的背景氛围，再适当地加入深色进行点缀，使色彩氛围更加唯美

家具：箱式木质茶几是传统美式家具的经典之作，美感与功能性兼顾

材质：木材的运用，为客厅平添了自然感

▲ **色彩：**以浅绿色与白色为背景色的客厅，给人清爽、舒适的背景氛围，再配上深色的传统美式家具，沉静而不失明快感

配饰：植物是整个客厅的装饰亮点，既是惹眼的点缀色，又是刻画传统美式风格精致而随性的切入点

材质：仿古砖的铺装方式是地面装饰的一个亮点，使得单一的材质也能创造出层次丰富的视感

▲ **色彩：** 以浅灰色为主色调的传统美式风格的客厅中，地板的深棕色让配色更符合传统美式风格沉稳、内敛的基调

家具： 线条流畅的兽腿家具是客厅装饰的亮点之一

材质： 细腻的乳胶漆装饰了整个空间的墙面，柔和的色调使整体氛围更舒适、安逸

▲ **色彩：** 米色作为背景色，给人的感觉十分温馨

家具： 沙发墙被设计成开放式的收纳格子，摆放整齐的书籍和饰品成装点生活的最佳元素

材质： 木地板经过刷白处理，纹理更清新，装饰效果也很出人意料

▲ **色彩：** 蓝色、绿色的点缀，弱化了大地色系的沉闷与单调

家具： 实木茶几给人的感觉十分的坚实、耐用，这也正是传统美式家具的一个优点

材质： 花鸟图案的壁纸在传统美式风格居室中的使用率极高，也是渲染氛围的极佳手段

▲ **色彩：**米白色作为空间的主色调，既有暖意又整洁、干净，黑色、蓝色、绿色、黄色的点缀，对比明快，让人眼前一亮

家具：客厅沙发采用U字形布局，围坐在一起，营造的交谈氛围使人更亲密

材质：硬包与护墙板的组合，具有很好的隔声效果

 ◄ ┈┈┈┈

色彩：棕黄色被运用在地面，让以浅色为主色的客厅，色彩氛围更稳定

家具：一字形排列的沙发和茶几，为小客厅节省出更多活动空间

材质：人字形铺装的实木地板，比传统的顺纹理铺装更具美感

◄ ┈┈┈┈

色彩：降低主体色的色彩饱和度和明度，十分符合传统美式风格沉稳、低调的配色特点，若想避免单调，可以用浅色来调和

家具：沙发给人宽大舒适的感觉，突显了传统美式生活的安逸

材质：浅色乳胶漆搭配石膏线，简约、大方并富有层次感

▲ **色彩：** 棕色与米黄色组成室内的主体色，再利用蓝色、红色、绿色点缀出色彩层次感

家具： 实木家具的线条优美流畅，搭配精致的雕花，更显品质

材质： 实木地板的触感极佳，配上一张精美的地毯，更加彰显传统美式生活的精致品位

色彩： 橘黄色作为主色调，为传统美式空间注入一份热情洋溢的气息

配饰： 将搁板做成小船造型，为传统美式空间注入海洋元素，自由感满满

材质： 木地板、乳胶漆、釉面砖的组合运用，无论是颜色还是质感，看起来都十分丰富

▲ **色彩：** 以高级灰为主体色，再利用浅木色、浅咖色进行过渡，使整体配色效果高级感十足

家具： 家具的样式比较简单，带有传统美式风格神韵的弯腿造型是不容忽视的亮点之一

材质： 做旧的木地板强化了传统美式风格的基调

色彩：以棕黄色为客厅的主体色，运用黑色、浅灰色进行辅助修饰，整体配色给人干净、雅致的感觉

配饰：皮革沙发上摆放的抱枕不仅提高了入座的舒适度，还让客厅的休闲氛围更浓

材质：浅色墙漆与白色搁板的组合，美观大方，为居家生活创造出更多的收纳空间

▲ **色彩：**深棕色、浅卡其色的组合，一深一浅，对比明快而不失柔和感，再利用花艺、布艺等小件元素进行点缀，色彩层次丰富，很好地诠释出传统美式风格的精致格调

家具：家具的搭配比较注重功能性，小件家具的填补也拓展了客厅家具布置的多样性

材质：顶棚横梁的选材与家具保持同步，从细节上体现出设计的用心与搭配的统一感

色彩：棕黄色作为客厅的主体色，为客厅配色奠定了一个沉稳、内敛的基调，再通过米黄色的过渡来强调白色的包容性

配饰：全铜材质的吊灯是客厅装饰的一个亮点，也彰显出传统美式灯具精湛的工艺与考究的选材

材质：乳胶漆与仿古砖的颜色接近，两种材质的颜色呼应，让硬装搭配更显用心

传统美式风格

餐厅

色彩： 地面的深色奠定了空间色彩基调，起到稳定色彩结构的作用

配饰： 墙面用圆盘作为装饰，提高墙面的美观度

材质： 护墙板、乳胶漆选择同一色调，利用自身材质特点区分层次，这样的设计让餐厅墙面更有层次感

色彩： 利用了蓝色与黄色的互补，活跃了整个空间的氛围

配饰： 装饰画、餐具、花卉等元素装点出了一个温馨、安逸的家居氛围

材质： 材料颜色的选择有利于促进食欲，亚光的饰面看起来也更有质感

色彩： 绿色作为餐厅的主体色，为传统美式风格居室增添了自然感

家具： 餐桌椅的样式简单，却给人坚实之感

材质： 镜面的运用能提升空间的开阔感，也在一定程度上弱化了深色的沉闷

色彩：壁纸的浅绿色作为主体色，为餐厅营造出一个清爽、安逸的用餐氛围，植物的绿色则点缀出春意盎然的美感

配饰：暖色调的灯光让用餐氛围更舒适

材质：深色实木地板不仅稳定了客厅的整体基调，还彰显了传统美式风格考究的选材准则

色彩：浅棕色地板让背景的白色与家具的深色过渡和谐，弱化了它们的对比。

配饰：黄色插花摆放在餐桌上，能起到促进食欲的作用，大型植物则能起到净化空气的作用

材质：半通透的隔断，有效划分空间的同时也保证了餐厅的通透感

色彩：浅灰色为餐厅的背景色，搭配深棕色的家具，让传统美式风格餐厅也流露出现代高级感

配饰：餐桌上简单地摆放一小株植物，就能带来自然气息

材质：护墙板没有做复杂的造型，仅通过简单的线条就能突显出层次感，为传统美式风格居室带来简约大方的现代美感

色彩：深棕色给人的感觉沉稳而厚重，也十分符合传统美式风格质朴、内敛的格调

家具：餐桌椅选材考究、样式经典、坚实耐用

材质：木材永远是用来强调淳朴、自然基调的极佳材料

色彩：绿色的点缀，在这个以棕色为主色调的餐厅中尤为出彩，是塑造传统美式风格的关键所在

配饰：巧妙地利用了插花、桌旗、装饰画等元素为餐厅注入自然气息

材质：仿古砖装饰了整个空间的地面，是奠定室内淳朴格调的重要元素

色彩：黄色与绿色的碰撞，自然气息满满，同时还透露出一份娇艳与明媚之感

家具：造型传统的餐桌椅有效地强调了风格特点

材质：陶瓷锦砖搭配深浅两种颜色的仿古砖，让简单的地面装饰呈现出丰富的层次感

色彩： 蓝色、黄色、红色、绿色等艳丽明快的颜色，丰富了餐厅的色彩氛围，带来无限活力

配饰： 饰品的颜色十分丰富，装点出传统美式风格居室的精致

材质： 实木地板的纹理清晰，颜色淡雅，沉稳的色调也让以浅色为背景色的餐厅看起来更有稳重感

色彩： 大地色系作为餐厅的主色调，给人带来质朴、浑厚的感觉

家具： 实木餐椅的靠背处以简约的线条为装饰，简洁大方

材质： 地面以仿古砖与花砖为主材，淳朴中略带粗犷的美感十分符合传统美式风格的格调

色彩： 餐厅延续了客厅的配色方案，以淡淡的鹅黄色为背景色，搭配白色护墙板，整体给人的感觉温暖而洁净

家具： 家具的样式不算复杂，细节处的雕花处理则突显了传统美式家具的精致与考究

材质： 餐厅一侧墙面设计成卡座，既有收纳功能又能用来代替餐椅，一举两得还能节省空间

◀╍╍╍

色彩：棕色、浅咖色等大地色系作为餐厅的主色调，给人的感觉稳重而暖，适当地融入一点明亮的颜色进行点缀，面积不需要很大，便能起到画龙点睛的作用

配饰：全铜材质的吊灯搭配米黄色磨砂玻璃灯罩，使灯光效果暖意十足，彰显了传统美式灯具的高雅品质与格调

材质：玻璃推拉门作为餐厅与厨房的隔断，灵活通透

▲ **色彩**：餐厅与客厅相连的情况下，餐桌椅的颜色与茶几形成呼应，这能增强两个空间的整体感与连续性

家具：餐桌的圆角化设计，使用更安全

材质：顺纹理铺装的地板，让视线更有延伸感

▲ **色彩**：白色与浅棕色组成了餐厅的背景色，餐桌椅是配色亮点，打破了传统配色的沉闷与单调

家具：用卡座代替餐椅，两侧还做了可用于收纳的柜子，强化功能性的同时也兼顾了美感

材质：从走廊到餐厅，整个地面都用仿古砖进行装饰，整体感更强，仿古砖淳朴做旧的质感，为室内增添了质朴的美感

色彩：浅米色与白色作为背景色，能很好地包容与弱化深色家具的单调感与厚重感

家具：餐椅的布艺饰面显得尤为惹眼，田园感十足

材质：乳胶漆与石膏线的组合，简约大方，施工方便

▶

色彩：大地色系作为餐厅的主色，深浅搭配合理，营造的氛围也更温馨

配饰：吊灯、花艺、烛台等元素的点缀，无一不彰显着传统美式风格居室的精致

材质：餐桌下铺设地毯，最好选择清洗方便的混纺面料

▲ **色彩：**蓝色作为辅助色分别用于窗帘和吊灯上，与白色的对比明快，也弱化了棕色的沉闷与单调

家具：餐桌椅从选材到样式都彰显着传统美式家具的精髓

材质：仿古砖的釉色十分饱满，四角处用花砖修饰，更显精致

▲ **色彩：**餐厅以浅灰蓝色为背景，创造出的色彩氛围十分安逸，棕色为主体色让空间的配色重心更稳定

配饰：一花、一草、一物，看似随意摆放，却都是点缀精致生活的重要元素

规划：餐厅与客厅之间打造的迷你吧台，既能划分空间，又可以开辟出一个休闲角，用来喝茶聊天最好不过了

▲ **色彩：**白色作为背景色，与主体色形成鲜明的对比，营造出一个明快、整洁的用餐空间，地面的浅棕色可以在一定程度上弱化主体色与背景色的对比，使配色更符合传统格调

家具：餐桌椅摆放在沙发后侧，两个空间不设隔断，动线更畅通，这样的布置能减少闭塞感

材质：地面整体以仿古砖为主材，营造出传统美式风格特有的粗犷、原始之感

▶ **色彩：**背景色选择了浅绿色与白色，主体色尽管很深，但也不会显得过于厚重

家具：餐桌椅结实耐用，看起来重量感十足

材质：浅灰色网纹玻化砖耐磨度高，清洁方便，十分适合用来装饰餐厅地面

▲ **色彩：**餐厅与厨房相连，保持配色上的延续和呼应，有利于整体感的创造

家具：整墙的收纳柜不仅扩大了收纳空间，也是餐厅设计中的最大亮点

材质：地面选用了耐磨度高的木纹砖，有地板的视感又有地砖的优越性能

▲ **色彩：**沉稳内敛的棕黄色让整个空间的配色重心更稳定，再用白色浅灰进行调和，层次明快，内敛而温馨的氛围油然而生

配饰：装饰画、花艺、抱枕、桌旗等元素的点缀是不可或缺的

材质：白色护墙板与定制家具的颜色保持一致，让选材更有整体感

色彩： 暖黄色为主体色，搭配上顶棚的白色，明快中带有一份温馨感，使家具的深色更突出，整体配色层次也更分明

家具： 餐桌椅的样式及装饰图案是餐厅中最亮眼的装饰元素，为传统美式风格居室注入了时尚感

材质： 餐厅选用暖黄色乳胶漆作主材，创造出的环境氛围暖暖的，很适合用餐

▲ **色彩：** 白色+米色+棕红色的搭配，让餐厅的传统韵味更强

家具： 量身定制的收纳柜为餐厅创造出更多的收纳空间，白色的柜体还不会产生压抑感

材质： 石膏线条的运用丰富了墙面的造型，施工也十分简单

▲ **色彩：** 以浅黄色+棕红色+棕黄色为餐厅的主色调，创造出一个内敛而温馨的用餐空间，墙面装饰画与餐桌花卉的颜色点缀尤为惹眼，使整体配色更有层次感

配饰： 装饰画、花卉的点缀装饰为传统美式风格的居室空间带来了浓郁的自然气息

材质： 棕黄色的实木地板色泽温润、雅致，触感极佳

传统美式风格

卧室

色彩：米黄色给人的感觉是温暖、舒适的，用于卧室的背景色是很不错的选择

家具：高靠背床带有浓郁的复古范儿，两侧摆放的弯腿床头柜，既能视作装饰元素，也可以为卧室提供一些收纳空间

材质：浅米色的软包装饰床头墙，其良好的吸声效果是其他装饰材料不能媲美的

色彩：家具、地板的颜色都选择了棕红色，强调了传统美式风格配色沉稳、内敛的基调，白色与浅卡其色的调和显得十分用心，弱化了传统颜色的厚重感

配饰：布艺元素的图案及颜色选择都十分用心，让整个卧室都洋溢着温馨舒适之感

材质：卧室床头墙面以带有植物图案的壁纸为装饰，为卧室带来一份恬淡的自然之感

色彩：粉红色抱枕与窗帘的运用，柔化了整个卧室的色彩氛围，为传统美式风格卧室注入一份甜美气息

配饰：灯具组合发出的暖暖的淡黄色灯光让卧室的氛围更温馨

材质：主题墙面用壁纸装饰，更利于营造温馨的氛围

色彩：以米白色+浅米色+深棕色为主色调，绿色、黄色作点缀，营造出简洁、自然、清爽的空间氛围

配饰：布艺、装饰画等元素都以植物为题材，大大增强了室内的自然气息

材质：乳胶漆与木材的组合，质感细腻、淳朴

色彩：深棕色与白色作为卧室的主色调，给人简约、明快的视感，绿色的辅助则为这个简洁的空间带来强烈的自然感

配饰：吊灯的样式新颖，增添了传统美式风格居室的现代感

材质：木饰面板与装饰线条做了刷白处理，简约大方，层次突出

▲ **色彩：** 窗帘选择了低明度的蓝色和橙色，两种颜色的互补，让室内氛围静谧而温暖

配饰： 卧室中不宜摆放过多的植物，通过布艺元素来渲染自然氛围也是个不错的选择

材质： 墙面乳胶漆颜色的选择很重要，淡淡的奶白色，看起来干净整洁，又不乏温馨感

▲ **色彩：** 地板选择沉稳内敛的棕红色，搭配黑色、灰色与白色，整体配色简洁中带有一份传统美式风格的淳朴之感

家具： 柱腿式家具奠定了卧室的传统基调，以植物为题材的装饰画为卧室带来不可或缺的自然气息

材质： 墙面乳胶漆用简单的线条修饰，简约大方，不显单调

◀ ······

色彩： 卧室的配色上浅下深，重心稳定，原木色作为主体色，营造出了一个元气满满的睡眠空间

家具： 家具的造型纤细高挑，细节处体现了传统美式家具的精湛工艺

材质： 木地板的做旧效果，展现出传统美式风格的怀旧感

色彩： 棕红色+米白色+白色组成的居室配色，简单明了、主题突出

家具： 体型宽大的实木家具，无论是细节还是外形，都透露着传统美式家具的高级感

材质： 床头墙的装饰面板与衣柜的材质保持同步，可以增强居室设计的整体感

色彩： 做旧的白色成为卧室的主色调，再由手绘图案中的蓝色、绿色、红色、黄色进行点缀，整体色彩层次丰富，不显凌乱

家具： 手绘家具是传统美式风格居室的经典之作

材质： 卷草图案的壁纸强调了室内的自然感，乡村气息更加浓郁

▲ **色彩：** 绿色作为主体色，被用在壁纸、窗帘、床品中，通过明度与饱和度的变化，使配色层次分明，视感和谐

配饰： 暖色调的灯光永远是卧室的首选

材质： 顶棚利用简单的线条进行装饰，不需要做浮夸的造型，也能将传统美式风格的美感展现出来

色彩： 大地色系是传统美式居室中较为经典的配色，以白色为背景色可以有效地弱化大地色的沉重感

配饰： 装饰画、插花、抱枕、窗帘等软装元素不仅提升了空间的舒适性，还带来不可或缺的自然感

材质： 竖条纹壁纸能拉伸空间的纵向视感，深浅颜色的组合还能为传统美式风格的居室空间带来活力

色彩： 冷色作为主题墙的配色，为卧室营造出了清丽、静谧的氛围

配饰： 装饰画是卧室的点睛之笔，艺术感十足，且不张扬

材质： 纯色乳胶漆装饰墙面，质感细腻，环保健康

色彩： 白色作主色，在浅蓝色背景色的衬托下，显得格外清爽、干净，棕黄色这样的重色可以用在地板和小件家具中，丰富层次，稳定空间重心

配饰： 布艺元素的花色十分丰富，让原本简洁、清爽的空间丰富起来

材质： 实木地板，色调雅致，脚感舒适，让室内多了一份温馨

色彩：地面、墙面、顶棚的颜色都是浅色，在视觉上扩大了空间的面积，家具选择沉稳厚重的深色，强调空间重心的同时，也增加了配色的层次感

家具：家具的样式简约大方，传统的柱腿造型搭配沉稳的深色，给人的感觉除了端庄之外还平添了几分厚重感

材质：图案饱满的装饰壁布，是卧室装饰的点睛之笔，色彩丰富艳丽，图案饱满精致

▲ 色彩：米白色系柔和、细腻，能有效调节深色的厚重感，让家居环境更加明亮

家具：软包床触感好，舒适度高，视觉上也更有立体感

材质：碎花壁纸装饰墙面，温馨、自然

色彩：绿色是自然色的象征，在深浅对比强烈的配色中添加一些绿色，会让室内的氛围更显清爽、简洁

家具：传统美式家具的样式千篇一律，摆放上自己喜爱的床品，也会是一种情趣

材质：含有海洋元素的壁纸搭配上两幅装饰画，在灯光的衬托下，别有一番自由之感

色彩：暗暖色作为主体色，给人带来低调而温暖的感觉

配饰：绿植、装饰画及一些小件装饰品营造出一个极其富有生活趣味性的空间

材质：吊顶的设计简单大方，利用与家具相同色调的木线条进行修饰，兼顾了设计层次与整体感

色彩：少量的金属色让简单的卧室配色得到升华，也突显了传统美式风格居室的奢华感

家具：木质家具进行了做旧处理，质感淳朴，宽大舒适

材质：浅色墙漆装饰了整屋的墙面，利用最近十分流行的"双眼皮"角线来衔接吊顶，为传统美式空间注入现代流行元素，简约大方，层次分明

色彩：黑色与米色的对比，明快中透着柔和感，适当地扩大米的使用面积，能为卧室增添暖意

家具：床头柜有一定的收纳功能，也方便日常生活中随手放置书或水杯

材质：白色石膏线的立体感让碎花壁纸更出彩，也更能烘托出整个室内的自然氛围

色彩： 黄色与蓝色的互补，让卧室的配色显得十分活跃，传统美式风格的卧室也能充满浪漫气息

配饰： 软装元素是营造空间氛围的重点，合理搭配能营造出舒适、浪漫的环境

材质： 米字形铺装的地板，打破传统，设计上的用心，让单一的材质也能创造出丰富的视觉效果

▲ **色彩：** 大面积的蓝色，为卧室营造出了静谧、安逸的空间氛围

家具： 淳朴厚重的实木家具，能加强空间的传统韵味，温和而质朴

材质： 壁纸以蓝色为底色，大面积的植物图案会让人联想到自然

▲ **色彩：** 白色+绿色+木色组成的卧室配色，洁净、清爽、质朴，激发出美式田园的魅力

家具： 实木床保留了木材原有的颜色与纹理，原始、质朴的美感突显出身在繁华都市的人们对大自然的神往

材质： 护墙板的凹凸造型简洁、利落，浅绿色与白色这两种色彩的交替运用，也让生活充满了自然乐趣

色彩：暗暖色作为卧室的主色调，将传统美式风格的沉稳与内敛融入卧室的每一个细节中

配饰：灯具、窗帘、床品带有浓郁的复古感，增加了传统美式风格居室的贵气

色彩：蓝色与白色的组合，打破了深棕色的沉闷与单调的视感，使整个卧室的氛围更显活跃

配饰：风景画是卧室装饰的亮点之一，惹人无限遐想，也带来浓郁的艺术气息

材质：叠级石膏板装饰的吊顶，层次分明，搭配暖光灯带，美观实用，更有利于烘托空间氛围

色彩： 以原木色为主色调的卧室，给人带来自然、质朴之感

配饰： 壁纸、地毯的图案都以植物为主，十分符合主人追求自然、崇尚自然的偏好

材质： 家具与地板都保留了木材本身的纹理，美观又环保

色彩： 深棕色+浅棕色+白色的组合，颜色过渡平稳，彰显出传统美式风格配色平和、内敛的特点

配饰： 窗帘的颜色选择很出彩，活跃了卧室的色彩氛围

材质： 石膏线装饰墙面，简单的线条就能刻画出很强的立体感

色彩： 将米灰色分别用于床品、床头软包以及壁纸中，利用不同质感来突显同一颜色的层次，让整个卧室都散发着平和、舒适的气息

配饰： 暖黄色的灯光显得格外惹眼，温暖了人的视感

材质： 软包装饰墙面，搭配了白色线条，使其立体感更突出

传统美式风格

书房

色彩：以深棕色为主色，使书房看起来稳重、深沉，布艺元素运用了大量的米色、绿色，色彩氛围显得柔和了很多

配饰：飘窗上堆砌摆放的抱枕，色彩清爽，打造出一个极富生活趣味的休闲角落

材质：用灵活的布艺拉帘分割书房，虽然私密感不强，但不会使小书房显得闭塞

色彩：棕色贯穿了整个空间的配色主题，米黄色的墙面、棕黄色的地板及书桌，搭配蓝色与咖色相间的皮质座椅，颜色过渡平和又不单调

家具：家具的造型高挑而复古，细节上的处理突显了传统美式家具的格调

材质：实木地板装饰了整个书房的地面，简单大气，质感突出

色彩： 黑色作书房的主色调，再用书籍、饰品等小件元素的色彩进行点缀，丝毫不会显得沉闷、单调

配饰： 在传统美式风格的书房里选择一盏颇具后现代复古感的吊灯，混搭感十足

材质： 地板的颜色深浅交替，成为空间选材的一个亮点

色彩： 绿色的点缀可以缓解大地色系的沉闷，让书房拥有一份不可或缺的清爽气息

家具： 箱式书桌看起来很有重量感，底部的空间可以用来收纳一些小件学习用品，拿取十分方便

材质： 木地板选择了棕红色，极富质感

色彩： 棕黄色的书桌与书柜是空间内的绝对主角，搭配柔和、唯美的浅色背景，创造出一个十分放松的空间氛围

家具： 家具的造型古朴，选材精致，完美地诠释出传统美式家具经得起岁月洗礼的高雅格调

材质： 落地窗选择白色木格作为主体框架，美观大方，简洁明亮

色彩： 棕色系作主色调，背景色选择白色能增添空间的洁净感，适当地融入一些蓝色，可以有效增添配色活力

家具： 书桌与书柜采用双一字形布置方式，使小空间的活动不显局促

材质： 整墙定制的书柜与护墙板的材料保持一致，强调小书房设计选材的整体性

色彩： 沉稳的棕红色主体色与米白色背景色形成鲜明的对比，使整个书房看起来简洁、明亮，奶白色比亮白更柔和，能很好地诠释出传统美式风格平和、温婉的配色理念

家具： 定制的书柜不仅有很强的整体感，还能弥补户型结构的不足

材质： 乳胶漆+木地板，简单的材质组合，通过材料的色彩和纹理来突显层次感

色彩：白色为主色的空间内，暖色地毯的运用显得很出挑，为简洁、利落的空间增添了一份温馨、柔和之感

家具：书柜设计成悬空样式，配和暖色灯带，视觉上更有轻盈感

材质：镜面的运用十分巧妙，让小书房在视觉上有了很大的扩充感，是缓解小空间局促感的最佳选择

▲ **色彩**：深浅色彩的组合，能够避免使人产生压抑感

家具：靠窗的位置摆放了单人椅和茶几，可以用来休息、喝茶，有利于缓解工作和学习的压力

材质：壁纸和地板的颜色形成呼应，朴素的质感也能彰显传统美式风格的魅力

◀

色彩：布艺元素的色彩选择了干净、简单的白色调，让室内的配色层次得到有效提升，也弱化了深棕色带来的沉闷与单调

家具：书桌的后侧摆放一张小床，丰富了小书房的功能，可用于小憩或留宿客人

材质：植物图案的壁纸为书房营造出强烈的自然氛围

色彩：书房整体以米色+棕色为主色调，软装元素中少量融入了一些绿色、黄色，为传统书房增添了自然的气息与活力

配饰：吊灯给人的感觉复古而精致，书桌上用台灯做了补充照明，可保护视力，并让阅读与学习成为一种享受

材质：实木地板色泽温润，极富质感，突显了传统美式风格居室选材的用心

色彩：白色与绿色的组合总能给人带来清爽、自然的感觉

家具：定制家具能让小空间的使用面积得到最大的利用，榻榻米、书桌、书柜的衔接更自然，更有整体感

材质：木地板的做旧处理使其质感更突出，搭配上质感细腻的彩色乳胶漆，即使没有复杂的造型，也很有层次感

▲ **色彩：**浅咖色+浅米色+棕黄色的配色，颜色过渡平稳和谐，彰显出传统美式风格平和、大气、沉稳的配色特点

配饰：地毯采用的是简化的传统图案，为传统美式风格空间注入了一丝现代简约之美

材质：深色护墙板与植物图案壁纸的组合是传统美式风格选材的经典搭配

色彩： 沉稳的深棕色装饰地面，让白色为主色的空间配色重心更稳定

家具： 整墙式的收纳柜，用玻璃做饰面板，视感通透，不显呆板

材质： 木材不管选择什么颜色，都能让居室散发出自然感

▲ **色彩：** 绿色与木色的组合，让书房散发着浓郁的自然气息，黑色则增添了室内的沉稳气质

家具： 成品书柜的收纳功能强大，保证书房拥有足够的收纳空间

材质： 地板保留了木材的本色，纹理清晰，触感极佳

▲ **色彩：** 浅灰色与棕黄色作为家具的主要配色，既有传统美式风格的沉稳又有现代的睿智感

家具： 在传统美式风格书房中，放置一张设计简洁、大方的布艺沙发，既能缓解疲劳，还能用来临时待客

材质： 深浅亮色交替拼贴的地砖，让地面很有设计感

玄关走廊

传统美式风格

色彩： 玄关的配色与客厅保持呼应，视觉上更有整体感

家具： 三层收纳柜用来收纳一些经常使用的小件物品，方便日常拿取

材质： 仿古砖防滑、耐磨，用来装饰玄关地面，与客厅的地板形成了无形的界定

 色彩： 走廊与餐厅都采用白色+浅灰的配色，整体给人的感觉整洁、大气，浅色还能弱化空间的局促感

配饰： 墙饰为简单的走廊增添了一份美感，彰显出浓郁的复古情怀

材质： 白护墙板的颜色看起来十分整洁、干净，搭配简单利落的线条，简约大方，很有立体感

色彩： 一抹绿色点缀出室内的自然感，缓解传统配色的沉闷，显得尤为可贵

家具： 鞋柜设计成小船造型，十分别致，为空间增添了趣味性

材质： 地砖的拼贴很有创意，一进门就让人感到眼前一亮

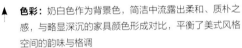

▲ **色彩：**奶白色作为背景色，简洁中流露出柔和、质朴之感，与略显深沉的家具颜色形成对比，平衡了美式风格空间的韵味与格调

配饰：吊灯的样式极为复古，漆黑的铁艺搭配做旧的磨砂玻璃，很好地诠释了传统美式风格理念中对历史的缅怀

材质：大理石装饰的地面，精致的拼花为传统美式风格居室增添了一份属于新古典主义风格的贵气

▲ **色彩：**以浅棕色与白色为主色的空间，白色平衡棕色的单调，柔和的色彩对比，让配色更有暖意

家具：两侧收纳柜都选用白色饰面，再搭配上镂空的铁艺隔断，让小玄关没有一丝闭塞感

材质：复古花砖搭配仿古砖，装饰出乡村生活的朴素感，也彰显了传统美式生活的闲情雅致

◀ **色彩：**浅米色为背景色，给空间营造出一种质朴的休闲感，搭配地面的棕黄色，使空间配色更有层次

配饰：灯带的运用不止保证了空间的照明需求，还勾勒出顶棚的层次感

材质：地面运用了做旧的仿古砖，加强了走廊的空间感

色彩： 灰色用来装饰地面，为乡村氛围浓郁的传统美式风格居室增添了时尚感

家具： 玄关柜配备了收纳篮，实现了物品分类归放，保证了开放式玄关的整洁感

材质： 做旧的裸砖表达出传统美式风格淳朴、自然、原始的美感

色彩： 玄关不仅延续了客厅的配色方案，还能借助客厅中的一些元素作为点缀，更显整个居室配色的巧妙与丰富

配饰： 灯带的光影层次十分丰富，烘托出一个更加温暖的居室环境

材质： 实木地板铺满整个空间，稳定了空间的配色重心，舒适的脚感也让居家生活更温馨

色彩： 浅米色的背景色给人以自然、质朴的感觉

配饰： 墙面看似随意悬挂的饰品，烘托了空间氛围，增添了生活趣味性

材质： 壁纸作为装饰主材与白色木质垭口搭配在一起，体现出传统美式风格的细节与品质感

色彩： 浅灰色与白色作为背景色，给人的视感整洁、干净，深棕色的地板给整个空间带来一份温度感，展现出传统美式风格的贵气与暖意

配饰： 进门处的射灯，保证了基本照明需求，还能烘托出一个较为强烈的居家氛围

材质： 地板的做旧处理，体现出了传统美式风格的淳朴格调

▲ **色彩：** 棕色是诠释传统美式风格的最佳颜色之一，它与白色搭配，使空间多了一份简洁、干净的感觉

家具： 边桌造型经过简化，纤细的柱腿造型在视觉上让玄关看起来更加宽敞

材质： 肌理质感的壁纸更能营造出传统美式风格的淳朴感，四周搭配上白色木线条更显别致

▲ **色彩：** 白色作为主体配色，使玄关走廊空间看起来简洁、干净，地板与家具颜色保持一致，色调沉稳而内敛，与白色形成鲜明的对比，使整体配色给人的印象沉稳而又简洁

家具： 玄关的面积不大，在进门处放置一张边桌，既能展示一些装饰品，还可以为日常生活提供收纳空间

材质： 实木地板最突出的特点是脚感好，还有其温润的色泽、保持自然风貌的纹理，在光线的调配下，更突出

◄ **色彩：** 灰白色作底色，配合深棕色的点缀，呈现出简约而内敛的氛围

配饰： 墙面上没有复杂的装饰，一幅植物图案的装饰画便能增添室内的艺术感与自然气息

材质： 石膏线条的修饰，让以乳胶漆为主材的墙面看起来简洁利落，很有立体感

色彩： 走廊以淡淡的米黄色为底色，搭配浅灰蓝色进行修饰，两种颜色的弱对比，为传统美式居室创造出一个温婉而清爽的空间氛围

配饰： 装饰画以蓝色为主色，与硬装部分的蓝色形成呼应，体现出后期软装搭配的用心，有着意想不到的装饰效果

材质： 仿古砖在对角处添加了跳色的锦砖，突显了选材与搭配的用心，也为空间带来了活跃感

色彩： 主题墙为淡绿色，自然氛围浓郁，再通过白色、棕黄色的调和，就有了自然、淳朴的乡村格调

配饰： 装饰画的金属画框，打破了淡色墙面的单一感

材质： 彩色乳胶漆比较适合用来做主题墙的装饰，施工、养护甚至是更换颜色都十分方便

第 2 章

现代美式风格

现代美式风格色彩怎么搭配

现代美式风格追求简单、明快，讲究优雅、得体、有度的装饰，在色彩上多以米色或者暖白色、浅棕色等干净的色调为主，再搭配灰色、黑色或咖啡色等素雅内敛的颜色为第二主色，营造出柔和、安逸、自然的空间氛围。

一看就懂的
现代美式风格色彩

背景色的选择

现代美式风格背景色多为白色、米色等浅色系，将这些干净、明亮的颜色用在吊顶、墙面和地面，它们在整个居室空间所占的比例较大，能够起到奠定空间风格基调和色彩印象的作用。

• 浅米色作为背景色，创造出温和、舒适的背景氛围，搭配浅棕色的皮质沙发，充分展现出现代美式风格随性、安逸的格调

• 浅咖色的布艺沙发，与背景色白色和绿色形成对比，加深了空间配色的明快感，粗糙的棉麻饰面还自带朴素气质

主体色的选择

咖啡色系、棕色系与白色系作为空间的主体色，是现代美式家居空间中比较常用的几种颜色，多用于中等面积的陈设。咖啡色系与棕色系给人的感觉朴素、雅致，作为与背景色或点缀色之间的过渡色，能突显出现代美式风格明快又不失柔和的色感。

点缀色的选择

多选用绿色、蓝色、粉色、黄色等比较明快的颜色作为空间的点缀色，不仅能够活跃空间氛围，还能提升整体空间配色的张力。它们通常被应用于体积小、可移动、易于更换的物体上，如抱枕、绿植、摆件或小件家具等。

• 简单的背景色下，橙色、蓝色、红色、绿色点缀出现代美式风格活泼随性的一面，点缀色使用面积不大，因此虽多但不乱

现代美式风格家具怎么选

现代美式家具的体积通常比较宽大，比较舒适、随意，选择时应以室内的实际使用面积来定夺。如小客厅，可以考虑搭配样式简单的家具，纤细的弯腿（或柱腿）茶几搭配简单的布艺沙发，实用美观的同时还不占据视觉空间。

家具的总体特点

现代美式家具除了会有一些西方传统的元素及图案出现，还更强调人体工程学的运用。与传统美式家具相比，现代美式家具的样式简单了许多，但在一定程度上保留了传统美式家具宽大的体积，这种注重使用舒适度的设计手法也突显了现代美式风格追求的一种安逸、随意的生活态度。

• 现代美式布艺沙发给人的感觉是简单大方、柔软舒适

• 实木茶几的整体线条简约流畅，延续了传统美式家具考究的选材，整体线条以直线为主，低调而百搭

家具颜色的选择

现代美式家具由于简化了造型，所以颜色的可选范围很广。如深浅木色、棕色、白色、米色、浅灰色等。实际操作时，可与地板的颜色相近，也可以参考墙面、饰面板的颜色。木色或棕色家具保持了木材的天然纹理，淡雅而温润，更显淳朴、自然；而经过刷漆处理的浅色家具则让空间显得格外清新、明快。

家具材质的选择

现代美式家具在选材上比较多元化，同时更注重材料的质感。木材、石材、玻璃、金属、皮革以及布艺都可以作为现代美式家具的选材。

• 金属支架搭配大理石饰面的边几，样式虽然简单，选材与配色却十分考究，是客厅家具布置的一个亮点

经典家具单品推荐

• 现代美式老虎椅

• 做旧实木床头柜

• 三开门收纳柜

• 三层斗柜

• 实木方形茶几

现代美式风格灯具怎么选

现代美式风格灯具的存在感很强,可以运用灯具来营造居室氛围,灯光色调上比较偏爱暖色调,可以采用不同类型的灯具组合来提升空间格调。

一看就懂的现代美式风格灯具

灯具的选材与样式

现代美式风格灯具的样式造型经过简化处理后依旧保留着一些古典情怀,配合柔和的光线给人恬静悠远的感觉。灯具选材上多以树脂、水晶、玻璃、金属为主,样式造型则以吊灯、壁灯、落地灯、台灯居多。

• 是台灯也是艺术品

经典灯具单品推荐

• 现代美式台灯

• 现代美式落地灯

• 现代美式吊灯

现代美式风格布艺织物怎么选

在选择现代美式风格的布艺织物时，必须考虑其与室内整体设计风格的协调性，还要注意与硬装配色的呼应，尽量不要大面积使用深色；尺寸的大小可以参考家具，面料可以选择手感舒适的棉麻材质。

布艺织物的搭配原则

现代美式风格居室的软装布艺织物主要包括布艺沙发、窗帘、床品、地毯、抱枕等。各种布艺织物之间的搭配要能够起到优化居室氛围，强调现代美式风格的特征，柔化居室内生硬的线条，营造恬静与安逸的居家氛围的作用。

• 厚重的窗帘能有效地阻隔光线，保证了卧室的私密性与舒适性

常见布艺图案推荐

• 简单的几何图案

• 大朵花卉图案

• 米字纹图案

• 佩斯利图案

• 缠枝花图案

现代美式风格花艺、绿植怎么选

花艺和绿植是居室装饰中锦上添花的软装元素之一，在室内选择合适的花艺、绿植来摆放，不仅能带来绿意和自然气息，还能弱化室内原本深沉厚重的基调，把这些相对沉重的色彩衬托得暖意浓浓。

一 看 就 懂 的
现代美式风格植物

• 高挺秀丽的白色蝴蝶兰不仅能为居室带来大自然的气息，还平衡了空间的色彩

花艺、绿植的陈设原则

现代美式风格居室中花艺、绿植的陈设倾向于简单、明快、自然。结合整体家居氛围，可以选择温暖、明快的颜色。造型上偏爱饱满度高的插花或绿植，这样可以使自然氛围更浓郁，也很契合现代美式生活自由、奔放的特性。

经典花艺、绿植推荐

• 仿真花卉

• 栀子花

• 迎春花

现代美式风格饰品怎么选

选对挂饰与摆件，能让室内装饰起到画龙点睛的作用。它们虽然体量很小，却可以丰富空间、调节色彩、渲染氛围、加强格调，合理的搭配可以使空间更有活力与魅力。

一 看 就 懂 的
现代美式风格饰品

现代美式风格饰品的陈列特点

现代美式风格居室需要营造的是一种休闲、淡雅、小资的氛围，饰品的陈列宜多不宜少。而且现代美式风格居室中的饰品不受风格限制，富有艺术气息的古典油画、复古的烛台、剔透的水晶制品、精致的餐具都可以用来点缀和充实空间。

现代美式风格饰品推荐

• 装饰鸟笼

• 金属烛台

• 水粉画

• 酒瓶、首饰盒、仿真兰花

现代美式风格装饰材料怎么选

现代美式风格追求简洁、明快的效果，讲究清晰的线条和优雅、得体、有度的装饰，不仅会以大量的石材、木材等天然材料为装饰，还会选择乳胶漆、硅藻泥、壁纸等人工材质，在颜色上多以米色或者白色为主。

一 看 就 懂 的
现代美式风格装饰材料

材料质感的特点

质感上追求自然、淳朴、温暖的效果，搭配上较为多元化，是现代美式风格居室选材的最大特点。通常会将两种材料组合运用，以增添视觉层次感，如壁纸+木线条、墙漆+木线条、石材+壁纸、石材+木线条等。

• 壁纸与石膏板的组合，巧妙地利用了材料质感的差别，彰显出选材与设计的用心

• 墙面乳胶漆选择了淡淡的米色，空间氛围更温馨

• 仿古砖是现代美式风格居室比较偏爱的装饰材料

材料颜色的选择

浅棕红色、浅棕黄色、咖啡色系、米色系、白色系都是现代美式风格空间内装饰材料的可选色。选择时需要根据使用位置或目的进行调整。以美式风格居室中常见的木材为例，木材作为地板的主材，颜色多以浅棕红色、浅棕黄色、咖啡色系或原木色等浅暖调为主；若作为家具或护墙板的主材，还可以考虑白色系、米色系这些比较干净、简洁的颜色。

特色材料的组合推荐

• 乳胶漆+木地板，这种组合最大的优点是乳胶漆的颜色丰富，施工方便，修补或更改的施工成本较低

大理石+乳胶漆，大理石给人的视觉感十分华丽、贵气，能为整体家居环境加分

• 木线条+乳胶漆/壁纸，木线条简约大气，配上跳色的乳胶漆或壁纸，让居室的空间感更强

• 硅藻泥是一种非常环保、健康的装饰主材，深受追捧

现代美式风格

「客厅」

→

色彩：绿色作为辅助色，为室内增添了自然感

家具：小件家具的填补，丰富了客厅的待客空间；地面一张色彩丰富的地毯为客厅增添了美感，整体氛围也更热烈

材质：乳胶漆装饰的墙面，利用灯光的衬托，突出了其细腻的质感

▲ **色彩**：以白色为背景色的居室中，黑色的存在尤为夺目，在明快的黑白对比色中加入棕红色，顿显暖意

家具：量身定制的电视柜，将整个墙面都规划在内，为居家生活创造出更多的收纳空间

配饰：布艺沙发给人的感觉温暖而舒适，搭配抱枕及长毛地毯，尽显现代美式生活的舒适与安逸

色彩： 以浅灰色为主体色，用米色、木色调和，温暖中流露出现代美式风格对时尚感的追求

配饰： 地毯柔软的触感缓解了地砖的冰冷，有效地提升了客厅的舒适度，尽显现代美式风格的休闲之风

材质： 大理石装饰的电视墙，简洁大气，是突显现代美式轻奢格调的有效手段

色彩： 黄色是客厅配色中最夺目的存在，与低明度的蓝色形成的互补也颇显柔和，让整个客厅的配色既有层次感也不会过于喧闹

配饰： 装饰画、灯具、花艺等软装元素的点缀，完美演绎了艺术与色彩的结白

材质： 用大理石线条来强调墙面设计的层次感，其细腻的质感与壁纸肌理形成鲜明的对比，简单中透着精致

色彩： 高级灰作为空间的背景色之一，给空间带来了简约、沉稳、时尚的气息，结合米白色的墙面及沙发，创造出别样的视觉惊喜

家具： L形的布艺沙发，比较适合长方形的客厅，简约而宽大的造型尽显现代美式生活的休闲与安逸

材质： 乳胶漆的选色纯净、素雅，配合简单利落的石膏线条，创造出一个低调而有品质的现代美式居家环境

▲

色彩： 纯白色的背景色将黄色衬托得更加温暖，灰色更有高级感

家具： 家具的布置简单实用，沙发、茶几、电视柜都采用一字形布置方式，节省空间的同时满足了客厅的基本待客需求

材质： 大理石装饰的电视墙，不需要做任何复杂的造型，也能展现出很强的高级感

◀······

色彩： 米白色为背景色的现代美式风格客厅，给人带来无限的暖意，暖色家具的运用使整体配色更显柔美，再用绿植点缀色彩层次，为空间注入自然又淳朴的气息

家具： 小客厅的家具样式简约大方，纤细的造型在视觉上更有轻盈感

材质： 壁纸的肌理质感十分突出，在棕红色木材的衬托下，显得更加自然素雅

色彩： 客厅的配色对比明快，用小面积的红色、绿色及灰蓝色作点缀，巧妙地利用了空间内丰富的元素来实现提升色彩层次的目的

家具： 布艺沙发给人的感觉柔软舒活，随意摆放的抱枕不仅不会显得凌乱，反而让空间氛围更显活泼

材质： 木地板给人自然、朴素之感，清晰的木材纹理在灯光的映衬下温和感倍增

▲ **色彩：** 蓝色总能给人带来清爽、静谧的感觉，与木色、浅米色组合在一起，有效地为现代美式风格居室增添了自然、随性的气质

家具： 休闲沙发的植物图案与装饰画的题材形成呼应，即使室内没有摆放大型绿植，也洋溢着满满的自然之感

材质： 木地板、乳胶漆，简单的材料组合，给空间营造了更和谐、舒适的背景氛围

▲ **色彩：** 深灰色作为主体色，让室内充满现代美式风格的睿智与高冷感，地面的浅棕色显得暖意十足，很好地调节了深灰色的高冷气质

家具： 茶几的造型别致，金属支架搭配大理石饰面，极富质感与重量感，也充分彰显了现代美式风格家具选材的多元性

材质： 乳胶漆的颜色素雅、简洁，利用简单的直线条勾勒出墙面的立体感，彰显了现代美式风格居室简约而不简单的装饰格调

色彩： 黑色给人沉稳、大气的感觉，在浅米色的衬托下，沉稳感十足，整个空间的配色简洁、干净

家具： 家具体积宽大、样式简洁大方，体现了现代美式家具的舒适与美观

材质： 电视墙采用对称式设计，利用简单的木线条勾勒出立体感，让乳胶漆与石材的质感更加突出

色彩： 以米白色为主体色的客厅，在暖色灯光的衬托下更显温馨、舒适，浅灰色调的布艺沙发搭配原木色地板，体现了现代美式居室的质朴、自然的情怀

家具： 简化的兽腿茶几，不仅有很强的装饰性，同时也有很好的功能性

材质： 乳胶漆搭配原木地板，创造出现代美式风格居室的极简之美

色彩： 蓝色的辅助运用，是客厅装饰的最大亮点，与纯净的白色墙面形成鲜明的对比，让空间显得格外明快

家具： 家具的造型设计带有古典家具的韵味，深度诠释了现代美式风格对历史的缅怀与致敬之情

材质： 简洁干练的直线让纯白色的墙面看起来更有立体感，也更加彰显了现代美式风格的装饰特点

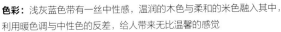

色彩：浅灰蓝色带有一丝中性感，温润的木色与柔和的米色融入其中，利用暖色调与中性色的反差，给人带来无比温馨的感觉

家具：柔软舒适的现代布艺沙发搭配复古感十足的木质茶几，一古一今的反差强烈，却毫无违和感，很好地反映出现代美式生活的随性与坦然

材质：木地板朴素、雅致的视感为空间注入了一份暖意

色彩：简洁的白色为主体色，棕黄色的地板以及黑色、黄色的点缀显得尤为夺目，营造出丰富而有序的现代美式风格居室

配饰：地毯舒适的脚感及饱满时尚的纹理，使其成为客厅装饰的最大亮点

材质：房门的颜色选择了与墙面乳胶漆相同的色调，为客厅创造出一个更简洁、更有整体感的背景环境

▲ **色彩：** 蓝色、白色以及浅棕色是客厅的主体色，
蓝白两色明快的对比为朴素的现代美式风格空间
增添了无限活力

家具： 双色木质家具的线条流畅，边角处的圆角
处理突显了现代家具的人性化设计

材质： 墙面细腻的乳胶漆衬托出仿古砖的斑驳感，
也彰显了现代美式风格低调而内敛的轻奢态度

◀ ·······

色彩： 浅蓝色与白色为主体色，打造出一个非常有活力
的室内空间，少量金属色、黄色、深蓝色的点缀，使空
间极富浪漫的复古情怀

家具： 边几与边凳不仅补充了客厅的使用功能，还丰富
了室内配色，贵气十足

材质： 沙发墙以硬包为装饰，在白色线条的修饰下，立
体感更强，兼顾了美观与功能

彩： 浅米色的背景色搭配棕红色的
质家具、木地板，温暖而复古

具： 皮质沙发与实木家具的组合，
单的布置便能让整个空间看起来厚
而矜贵

质： 乳胶漆与木地板的组合，简单
气，丝毫不会因材料的简单而显得
调

色彩： 浅米色与棕红色作为背景色，上浅下深，色彩重心
稳定，运用黄色、金属色、蓝色等小面积亮色进行点缀，
空间配色更显饱满

家具： 小件家具的补充运用不仅丰富了客厅的功能，其极
富创意的造型也让客厅氛围更显活泼

材质： 灯光的映衬突显了墙面壁纸的纹理与质感，简约的
选材也能呈现唯美的视感

色彩： 绿色与黑色的点缀，让以白色调为主色的客厅配色更有层次，整体氛围也显得十分清爽、自然

配饰： 巨幅装饰画是客厅装饰的亮点之一，为室内增添了艺术感与浪漫格调

材质： 灰色调的石材装饰地面，呈现的视感十分高级，地毯调节了地砖的冷硬质感，提高了客厅的舒适度

色彩： 浅咖色与白色作为客厅的背景色，使整个空间更显明亮，高级灰、宝石蓝两种颜色的点缀运用，提高了空间的色彩感染力

家具： 家具的样式别致，极富吸引力，无处不在的装饰品、绿植和装饰画都能为空间增添艺术感

材质： 沙发墙采用乳胶漆搭配白色木线条，简单而精致，对称的设计则强调了视觉平衡感

色彩：以高级灰为主体色的客厅，给人的感觉略显刚毅，少量的黑色与孔雀绿减少了空间色差，再通过浅咖色调和，使色彩氛围得以略显柔和

配饰：装饰画取代了传统的电视机，成为墙面装饰的主角，大大增加了空间的艺术感染力

材质：整个空间的墙面都用壁纸进行装饰，灯光不仅温暖了空间也让壁纸的肌理更清晰

色彩：金属色的点缀，虽然面积很小，却成为空间中的吸睛之笔，让现代美式风格居室也有了一份奢华与贵气

配饰：客厅中的装饰元素不多，吊灯的样式新颖别致，让空间更具现代气息

材质：地毯让地砖更有温度感，也提升了客厅的舒适度

色彩：白色调为主体色的客厅中，少量运用黑色可丰富色彩层次，还能与现代美式风格简约的气质相呼应

配饰：画品是增添空间艺术感的不二之选

材质：硬包的样式简单、利落，用来装饰沙发墙，兼备了功能性与观赏性，简单的样式与合理的选色，使整体空间显得协调且不突兀

▲ **色彩：**以黑色与米色为客厅的主体色，先利用重色增强配色稳定感，再利用浅色来调和从黑色到纯白色背景的过渡，让整个空间的色彩搭配更显平和

配饰：布艺元素选择了大量的植物图案作为装饰图案，自然氛围满满，创造出一个十分舒适的家居环境

材质：地面以玻化砖为装饰主材，黑色线条组成的回字纹，丰富了地面的视觉效果

▲ **色彩：**浅咖色为主体色，用宝蓝色、绿色、金属色进行点缀，层次饱满，简约中流露出现代美式风格的贵气

家具：皮质沙发宽大的体积不仅强调了舒适度，简约的造型也兼顾了视觉美观度

材质：沙发墙用木质格栅代替了一部分实墙，半通透的格栅在白线条的修饰下，分外美观

▼ **色彩：**蓝色与浅灰色组成的背景色，为客厅营造出一个清爽、休闲的氛围，黄色、绿色的点缀给室内带来活泼、浪漫的格调

配饰：吊灯的造型十分夺目，为客厅带来了强烈的艺术感

材质：硬包装饰电视墙，柔和了视感，良好的吸声效果也是其他装饰材料所不能媲美的

▲ **色彩：**浅色作为背景色，使居室环境看起来十分干净、清爽，深棕色、黄色、绿色、金属色的共同点缀，使配色效果更加饱满，也为现代美式风格居室增添了一份贵气之感

家具：皮质老虎椅是室内最吸睛的装饰元素之一，不仅丰富了色彩层次，还提升了客厅的休闲气质

材质：白枫木线条的修饰，提升了硬包的美感，简洁利落的造型看起来更显清爽别致

▲ **色彩：** 温和的木色是空间内的主体色，顶棚及部分墙面选择纯净的白色，调和木色的单调，让整个空间都散发着简洁、温馨的气息

配饰： 白色纱帘柔和了室内的光线，舒适温暖的氛围彰显出现代美式生活慵懒、休闲的做派

材质： 地板颜色自然、质感淳朴，让人感到无限放松

▲ **色彩：** 以纯净的白色为背景色，搭配深色家具，层次明快又不失温度感

配饰： 对称布置的壁灯，暖暖的灯光，使空间显得尤为温暖

材质： 白色乳胶漆在灯光的衬托下质感更细腻，简化的壁炉造型让墙面更有设计感

色彩：黄色与蓝色形成的互补，为空间带来
活泼感，成为空间中的绝对亮点

家具：布艺沙发看起来柔软舒适，宽大的体
量提升了入座的舒适度

材质：裸露的红砖与细腻的乳胶漆，质感对
比强烈，突显了现代美式风格选材的多样化
与崇尚自然的风格基调

▲ 色彩：黄色和金属色的点缀，为现代美式风格空间增添了一份复古的贵气感，轻奢感十足

配饰：从灯具到挂画、装饰品，室内的每一件软装元素，都能成为装点空间的艺术品，展现出一个精致、有品位的现代美式风格客厅

材质：墙面的石膏线条简洁、利落，颜色深浅搭配适度，简单的设计也能拥有饱满的视觉感

现代美式风格

餐厅

NO.3

色彩： 蓝色餐巾不仅提升了餐厅的色彩层次感，还与客厅配色形成呼应，加强了整个家居氛围的联系

家具： 餐桌椅的样式简洁、大方，餐椅柔软的布艺饰面提高了就餐的舒适度

材质： 涂鸦黑板是餐厅装饰的亮点，根据节日、心情、季节的变换，写上一些暖心的祝福语，使家庭氛围更和谐幸福

▲ **色彩：** 自然质朴的原木色，清晰自然的纹理搭配浅色的背景色，使小餐厅既有现代的简约感又有现代美式风格随性自然的一面

配饰： 装饰画作为墙面的唯一装饰，为用餐空间带来了艺术的美感，也打破了配色的单一感

材质： 餐厅的选材简单大方，浅色墙漆与木色地板，温馨、真实又不失精致，极富生活气息

▲ **色彩：** 孔雀绿的墙面成为餐厅内最夺目的一个亮点，柔化了黑色与白色的强烈对比，为空间带来满满的自然之感

家具： 卡座的下方设计成抽屉，可以用来存放物品，小空间内实现一物两用，十分难得

材质： 木地板天然的纹理，加上温和的色调，给空间以温暖的感觉

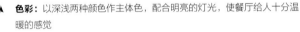

色彩： 以深浅两种颜色作主体色，配合明亮的灯光，使餐厅给人十分温暖的感觉

家具： 餐椅上搭配了条纹布艺坐垫，丰富了室内的装饰表现，看起来很有活力

材质： 金属线条用来装饰搁板，在灯光的照耀下，更加耀眼

▼ **色彩：** 浅灰色+白色组成墙面及顶棚的主色，让空间看起来干净、整洁，蓝色、橙色、绿色的点缀，让色彩氛围更饱满，极富生活气息

家具： 圆角家具的安全性更高，餐椅的设计尊崇了人体工程学原理，样式简洁大方，舒适度更高

配饰： 电子壁炉在现代美式风格的居室中非常受欢迎，让空间顿生暖意

▲ **色彩：** 整个餐厅以温暖的棕色为主体色，浅米色与木色的背景色加强了空间的自然感

家具： 木质餐桌椅的造型简洁、大方，细节处添加了一些复古元素，为餐厅带来一份轻奢与古朴之感

材质： 地板的纹理在灯光的映衬下，显得更加清晰，使整个空间都散发着暖暖的、淳朴的自然气息

▲ **色彩：** 深棕色作为餐厅的主色，与客厅家具的颜色形成呼应的同时也让餐厅的色彩重心更加稳定，诠释出现代美式风格居室理性的一面

配饰： 吊灯的样式十分简单，黑与黄的撞色处理，使其成为餐厅装饰的一个亮点

材质： 原木地板确定了空间内简约、自然的格调，很好地调节并包容了深色家具的沉重与单调

色彩： 浅米色作为室内的主体色，通过不同的材质体现出来，微弱的色差让餐厅的氛围呈现出一种无所不融的平静感

配饰： 灯具的组合运用，为餐厅营造出一个更加温暖、舒适的用餐氛围，古朴考究的造型也很好地诠释出现代美式风格的精致品位

材质： 护墙板的回字造型简约大方，凹凸的饰面很有立体感

色彩： 棕红色作为餐厅的主体色，给人暖暖的感觉，也为空间奠定了理性的基调，灰蓝色调的窗帘为空间注入时尚的色彩，并且丰富了色彩层次

配饰： 鲜花让人心情愉悦，为现代美式风格的餐厅带来充满自然的田园之感

材质： 整个空间通体铺设了浅色仿古砖，自带高级的质感与浅色饰面，打造出一个视觉效果十分开阔的空间

色彩： 灰蓝色作为餐厅配色的亮点，搭配简单舒适的灰色餐椅和黑色餐桌，配色效果显得格外精致、高级

配饰： 烛台式吊灯运用了考究的全铜骨架，彰显了现代美式灯具的精致格调，金属色看起来贵气十足，配上别致新颖的造型，使其成为餐厅装饰中的视觉焦点

材质： 壁纸作为整个空间的墙面主材，通过颜色的变换来突出主题，创意简单，实现起来也很容易

▲ **色彩：** 以浅蓝色为背景色，再搭配斑驳的原木色，使空间的整体配色显得朴素而理性

配饰： 灯具组合发出的暖色灯光烘托出餐厅的暖意，让用餐氛围看起来更加温馨

材质： 原木色的木地板提升了整个空间的质感与温度

▲ **色彩：** 黑色与白色作为餐厅的主体色，视感简洁明快，适当地加入了一些暖色，可以提升配色的温度感，也更符合餐厅的环境要求

配饰： 暖暖的灯光让黑白对比更有视觉冲击感

材质： 黑色木线条勾勒出顶棚的层次感，丰富空间视觉效果的同时也与室内配色形成呼应

色彩：粉色、绿色等颜色的点缀，为餐厅带来一份柔和、甜美的气息，不仅丰富了色彩层次，还为空间增添了无限活力与想象

家具：利用结构特点设计的卡座，兼顾了餐厅的收纳功能

材质：玻璃推拉门作为厨房与餐厅、客厅的隔断，兼顾了整个家居生活空间的采光性；玻璃、乳胶漆、地砖、木材的材质变化，丰富了小空间的质感

色彩：餐椅的绿色为以暖色调为主体色的餐厅带来了浓郁的自然之感，如田园般清爽宜人

配饰：餐桌上方的吊灯选材考究，光线柔和，精致生动的造型使其成为室内装饰的焦点

材质：暖色调的壁纸运用在餐厅墙面，使餐厅的氛围十分恬静

▲ **色彩：**棕色作为主色调，奠定了空间低调、沉稳、质朴的基调，蓝色、黄色成为整个家居空间里最抢眼的颜色，平和了棕色的单调，丰富了色彩层次

家具：开放式的空间中，餐桌椅的造型纤细高挑，让整个空间给人轻盈而宽敞的感觉

材质：斑驳的文化砖与客厅的裸砖形成呼应，为现代美式风格居室创造出返璞归真的美感

▲ **色彩：** 蓝色被运用在不同的软装元素中，面积虽然很小，却为空间带来了明快感，增添了室内配色的趣味性

配饰： 用圆盘作为墙面装饰时，可以绘制上自己喜欢的图案，是一种彰显个性的绝佳手法

材质： 玻璃隔断的金属色边框突出了空间的气质，简单的线条看起来十分利落

▲ **色彩：** 棕红色的实木家具给空间带来了沉稳、内敛的复古气息，墙面选择绿色+白色的组合，纯净、清爽的视觉效果油然而生

配饰： 花艺的点缀装饰很好地展现出现代美式生活的精致与情趣

材质： 木地板的选色十分高级，与实木家具相互衬托，营造出一个极具现代品位的餐厅空间

色彩： 以棕色与浅咖色为主体色的餐厅，给人的感觉沉稳、素雅，有序地融入一些亮色作为点缀，是一种打破单调、提升层次的有效手段

配饰： 以插花作为室内的点缀装饰，为餐厅注入满满的自然气息

材质： 玻璃隔断将餐厅与其他空间划分开，半通透的质感兼顾了功能性与美观度

▲ **色彩：** 餐厅中的主色调是沉稳的深色，搭配浅色的背景色，深浅对比张弛有度，整体色彩层次丰富而饱满

配饰： 墙饰、瓷器、花艺、灯具等众多装饰元素巧妙搭配在一起，诠释出现代美式生活的精致品位与格调

材质： 仿古砖铺装的地面，为餐厅营造出朴质、优雅的空间氛围

➡️ **色彩：**黄色的点缀是卧室配色的点睛之笔，明艳又典雅的视感，令色彩更有层次感

配饰：装饰画为空间带来浓郁的艺术感，展现出现代美式风格居室低调而有品位的装饰格调

材质：卧室的选材十分简单，乳胶漆加木地板，理性、简洁，体现出现代美式风格的从容与舒适

▲ **色彩：**温和的浅咖色总是给人带来易于亲近的感觉，布艺元素采用了不同纯度与明度的蓝色，表达出现代美式风格居室稳定、平静的色彩特点

配饰：床品的颜色及图案十分丰富，与植物以及小配饰一起展现出现代风格小清新的一面

材质：木地板的颜色质朴，质感极佳，为卧室打造出一个放松、舒适的环境

色彩：深棕色的实木床与白色衣柜的组合，令黄色的主题墙成为空间的视觉焦点，带来了惊艳的视觉感

配饰：吊灯的造型十分别致，丰富的造型让光影效果的层次得到升华，是卧室装饰的最大亮点

材质：黄色乳胶漆装饰主题墙，以悦目的颜色带来强烈的视觉冲击感，灯光的渲染让质感更显细腻

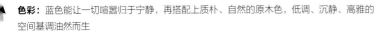

色彩：蓝色能让一切喧嚣归于宁静，再搭配上质朴、自然的原木色，低调、沉静、高雅的空间基调油然而生

配饰：亮白的光线透过米白色的磨砂玻璃灯罩呈现出的光影效果明亮又柔和，更利于打造安逸、舒适的睡眠空间

材质：地板与家具的颜色及质感相同，柔和了空间的其他元素，整体更显朴素雅致

色彩：以高明度的暖色为主色，构造出一
温馨、舒适的空间

配饰：蓝色+鹅黄色的布艺窗帘，提升了空
间的明快感与简洁度

材质：硬包装饰床头墙，一方面突显了精
的美感，同时也增加了空间设计的层次感

▲ **色彩：**黑色作为主色调，让卧室看起来简约而精致，几何图案的床品中包含了丰富的颜色，使其成为室内不可或缺的点缀色

配饰：卧室中软装元素的色彩丰富，弱化了深色家具的沉闷，带来了一丝活泼感

材质：浅灰调的地板在其纹理中保留了一丝木色，使纹理更加突出

▲ **色彩：**灰蓝色、浅咖色、黑色的组合，让卧室的配色显得整洁、利落，层次明快而突出

家具：原木色的床头柜，造型简约大方，温和的木色也弱化了空间里硬朗的气息

材质：以浅咖色乳胶漆来装饰背景墙，暖暖的咖色、细腻的质感、简简单单，很符合现代美式风格的质朴韵味

色彩： 灰色调能让空间看起来高级感十足，温和的木色提高了室内配色的温度感，而白色作为主体色，则显得空间十分纯净、整洁

配饰： 风景画的装饰，引人无限遐想，使整个空间都散发着时尚感与艺术气息

材质： 竖条纹壁纸装饰了整个空间的墙面，淡雅质朴，配合原木色地板，整体呈现出简约大气的自然美感

▲ **色彩：** 柔和的米白色墙面搭配纯净的亮白色衣柜，颜色递进和谐平稳，复古感十足的实木床，让室内的配色富有层次，更有原始感

家具： 实木床体积宽大，使整个空间散发着浓郁的复古感

材质： 灰色调的木地板看起来现代感很强，和空间的自然韵味完美融合，没有丝毫违和感

色彩： 棕黄色作为主色，在蓝色+白色的背景衬托下显得朴素而又具温度感

配饰： 床品的颜色图案丰富且富有童趣，让卧室看起来活泼有趣

色彩： 以纯净的白色为主体色的卧室，洁净感十足，配上床品、绿植的色彩点缀，层次丰富，让卧室不显单调

家具： 床头对称摆放了床头柜，方便放置物品，还能收纳贵重物品，美观实用

材质： 浅色仿古砖，质感朴素，视觉效果雅致

色彩：浅灰色作为主体色，分别体现在不同的材质中，微弱的层次营造的色彩氛围平稳安逸

配饰：对称的壁灯，简化的造型依旧带有浓郁的复古感，丰富了空间的装饰效果

材质：石膏线条简洁大方，赋予墙面立体感，实木地板的颜色淡雅，把卧室衬托得更加温馨舒适

▲ **色彩：**蓝色与黄色的组合，呈现的视觉效果明快而活泼，十分适用于儿童房的配色

配饰：卧室中的一切装饰元素让孩子的喜好得以展示，童趣满满，爱意十足

材质：硬包装饰墙面，有良好的吸声功能，为孩子创造出一个安静、舒适的睡眠空间

▲ **色彩：**黑色线条让室内配色更有层次感，有效地弱化了主色的单调感

配饰：装饰画、吊灯、插花、台灯等软装饰品，使卧室空间饱满且富有趣味

材质：棕色调的木地板给卧室创造出一个自然质朴的背景环境

色彩： 以低明度、低纯度的绿色为背景色，再搭配上柔和的木色与纯净的白色，带给人田园般的休闲感

配饰： 布艺元素融入了一些暖色调，柔和了视感，为空间营造出舒适的氛围

材质： 壁纸的肌理层次分明，彰显居室装饰选材的用心

色彩： 以高级灰为卧室的主体色，纯净的白色与浅咖色组成背景色，简单中透着温馨

配饰： 吊灯采用椭圆形设计，造型简约独特，美观度高

材质： 木地板的实木纹理突出，给空间带来温和、质朴之感

色彩： 宝蓝色成为室内最吸睛的颜色，沉稳、素雅，呼应了同色调窗帘的内敛与大气，使得地板的颜色更有温度感，现代的空间，大胆的配色，整个空间尽显现代美式风格的精致和典雅

配饰： 巨幅装饰画是卧室装饰的一个亮点，给卧室带来浓郁的自然之感

材质： 肌理壁纸在灯光下显得纹理更突出，配上温润的实木地板，完美诠释出现代美式风格居室简约、从容的格调

▲ **色彩：**卧室以浅蓝色和白色为背景色，素雅恬静，让深棕色木质家具的质感更加突出

家具：实木家具给人沉稳厚重的感觉，宽大的体积也彰显了现代美式家具的格调与品质

材质：地板进行了做旧处理，既有简美风尚，又能彰显复古情怀

◀ ⋯⋯⋯⋯

色彩：绿色+木色的组合让卧室散发着浓郁的自然气息

家具：实木家具的纹理清晰，视感朴素，尽显现代美式风格的温和与美好

材质：白色木线条的装饰，勾勒出墙面设计的层次感，使室内配色更有饱满度

▲ **色彩：** 以白色为主色的卧室中，木色地板为室内提供温度感，窗帘、床品等布艺元素的点缀，让整个室内的色彩丰富度更高

家具： 白漆饰面让木质家具多了一份精致与细腻之感，表达出现代美式简约的美感

材质： 碎花壁纸装饰的墙面，很好地诠释了现代美式生活的浪漫情怀

▲ **色彩：** 白色+粉色作为主体色，呈现出甜美、浪漫的视觉效果，整个空间不需要复杂的装饰，便能很好地展现出现代美式生活的精致与美好

家具： 床头柜经过白漆修饰，整洁、利落、简约的造型经久耐用

配饰： 花枝造型的吊灯样式别致而新颖，为现代美式风格卧室注入一份复古的轻奢感与矜贵之美

◀ ┄┄┄

色彩：浅棕色与白色作为卧室的背景色，奠定了空间的理性基调，再利用大量的布艺元素点缀色彩层次，让卧室的舒适感倍增

配饰：灯具的组合，无论是样式上还是功能上，都十分全面，能够满足不同场景的需求

材质：硬包装饰的墙面，简洁利落，浅浅的色调营造出优雅、大气的空间氛围

色彩：深棕色是卧室中最重的颜色，奠定了室内内敛、沉稳的基调，简洁柔和的米白色作为背景色，让卧室不显沉闷，营造出优雅大气的空间

家具：衣柜的造型简洁，纯净的白色不显压抑，超大的柜体能够满足四季的衣服收纳需求，美观实用

材质：地板与乳胶漆搭配协调，营造出一个温馨舒适的家居环境

▲ **色彩：**绿色让卧室的感觉清爽宜人，搭配暖色调的布艺元素，整体色调在清爽舒适中流露出温馨之感

配饰：台灯丰富了室内的光线，兼具了功能性与装饰性

材质：以地板与乳胶漆为装饰主材，通过色彩的变换，为卧室创造出一个温馨舒适的空间氛围

现代美式风格

现代美式风格

「书房」

NO.5

▶

色彩： 背景色选择浅色，能很好地包容与缓解深色家具带来的沉闷感

家具： 书柜的造型设计简洁大方，开放式与封闭式结合的柜体，让展示与收纳自由切换

材质： 条纹图案的地毯提高了书房的舒适度，让地板的质感更突出，也彰显了现代美式风格居室选材的用心与搭配的精细

现代美式风格

「书房」 NO.5

▶

色彩： 背景色选择浅色，能很好地包容与缓解深色家具带来的沉闷感

家具： 书柜的造型设计简洁大方，开放式与封闭式结合的柜体，让展示与收纳自由切换

材质： 条纹图案的地毯提高了书房的舒适度，让地板的质感更突出，也彰显了现代美式风格居室选材的用心与搭配的精细

▲ **色彩：** 蓝色是很适合用在书房的颜色之一，能让人感到素净与安逸

家具： 沿窗定制的书桌及收纳柜，充分利用了结构的特点，使小书房实用面积得到提升

材质： 人字形铺装的木地板使视觉层次更丰富

◀ ⋯⋯

色彩： 洁净的白色作为书房的主色调，展现出现代美式居室简洁的美感，墙面柜体的颜色做了一点跳色处理，使原木单一的空间变得丰富起来

配饰： 抽象的装饰画为书房增添了艺术氛围

材质： 木材是书房装饰中的主角，颜色及纹理的变化让简约的书房呈现出丰富的视感

▲ **色彩**：蓝色能有效缓解采光过度带来的烦躁感，与白色组合搭配，则使色彩视感更加简洁、明快，让阳台改造的书房也能给人带来素净、简洁的美感

配饰：布艺元素的装饰不仅提升了色彩层次，也让书房看起来更显温馨

▲ **色彩**：以浅木色为主色的书房，呈现出自然、朴素之感

家具：连续的拱门造型，让书柜的设计更有视觉上的延续感，分类摆放的书籍及饰品也成为点缀与装饰的一部分

材质：条纹壁纸在木线条的修饰下，质感更加突出，配和暖色调的木地板，装点出现代美式生活随性而安逸的美好格调

▲ **色彩**：白色作为小书房的主色调，在视觉上有很强的扩张感，地板及墙面搭配一点暖色，能使整体配色不显单调

家具：书桌的转角式设计，让小书房的使用面积得到提升

材质：仿古砖防滑、耐磨，很适合用在使用率高的房间

色彩：米色与白色是空间的主色，简洁中透露着柔和的美感，蓝色座椅、抱枕等软装元素的点缀，丰富了空间的配色层次，也奠定了室内浪漫、自由的风格基调

配饰：大量海洋元素的点缀装饰，提升了小书房的趣味性

材质：镜面作为书架的背板，丰富了设计层次，还能让小空间看起来更显开阔

色彩：以黑色与白色为书房的主色，明快的对比有很强的视觉冲击感，暖黄色窗帘为空间注入温暖，阳光透过白纱，更显温馨

家具：烤漆饰面的书桌看起来光亮、简洁，恰如其分地彰显了现代美式风格家具选材的多元化

材质：白色的背景下，木地板的选用显得尤为用心，强调了室内典雅大气的格调

色彩：整个空间以浅色为主，色彩层次柔和，书籍、饰品的颜色成为室内不可或缺的点缀，为空间增添了活力与内涵

家具：搁板式的书架下方安装了灯带，不仅能为空间提供照明，还能丰富墙面的设计层次，一举两得

材质：木地板的做旧处理，为简洁的空间注入一份复古情怀

▲ **色彩：**原木色弱化了蓝色与白色的明快感，创造出一个清爽、舒适、温馨的空间氛围

配饰：吊灯的样式略带一丝复古韵味，经典的造型和精致的细节，很好地诠释出现代美式生活的品质感

家具：定制的家具减少了小空间的局促感，根据需求与结构特点量身定制，也让室内的装饰设计更有整体感

▲ **色彩：**柔和、纯洁的奶白色在现代美式风格居室中的使用率很高，搭配深木色，让书房的整体气质看起来恬静而安逸

家具：家具的样式简洁、大方，彰显出书房的现代气息

材质：鱼骨样式铺装的木地板营造了空间的自然氛围

彩： 蓝色给人素雅、静谧的感觉，还能突显出白色的简洁与大气

具： 书桌放在窗前，是一种比较推荐的布置方式，良好的光线
视力也是一种保护

质： 肌理壁纸装饰的墙面，突出的肌理质感与细腻的木饰面板
成对比，让原本略显单一的配色也有了丰富的视感

色彩： 棕红色作为空间中最有重量感和温度感的颜色，弱化了大
面积白色的单调感，奠定了空间典雅、质朴的基调

家具： 定制的家具为室内创造了更多的收纳空间，在视觉上丰富
了墙面造型

材质： 钢化玻璃间隔开书房与休闲区，通透的质感不会影响采
光，也不会使两个空间产生闭塞感

玄关走廊

NO.6

色彩：浅米色作为背景色，为空间提供一个简约、纯净的背景氛围，再利用家具、花艺、饰品等元素来提升色彩层次

配饰：两盏壁灯不仅突显了壁纸图案的精致，还烘托出一个暖意十足的小空间

材质：拱门造型的门洞没有做任何复杂装饰，简洁利落

▲ **色彩**：沉稳的木色提高了空间色彩的稳定感，白色作为背景色，在空间中起到了扩张视觉效果的作用

家具：定制的鞋柜收纳空间充足，联合卡座，让进门后穿脱与更换鞋子更加方便

材质：灯光不仅提亮了整个空间，还映衬出地板的质感

▲ **色彩**：米黄色与白色的组合，简洁中透露着柔和，完美地体现出现代美式简约的色彩格调

配饰：在玄关处铺设地毯，防尘效果很好，建议选择容易清理的混纺面料

材质：白色木饰面板给人的感觉是轻奢中带有一丝时尚感

色彩： 木色添加在蓝白色调为主色的空间中，使空间显得自然而安逸，深度演绎了现代美式风格随性而安稳的生活节奏

配饰： 射灯、筒灯、吊灯的组合运用，为空间创造出丰富的层次感，丰富了空间的光影层次

材质： 木材是体现空间温度感的不二之选

色彩： 白色与绿色的组合，给人呈现的视感清爽而简约，地面的咖色成了重要衬托，增加了空间的层次感与温度感

配饰： 壁灯不仅为玄关提供了充足的照明，明亮的光线让整个玄关看起来更加简洁

材质： 乳胶漆与简单的木线条搭配，简洁利落，却也不失精致感

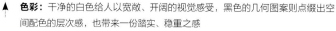

▲ **色彩：**干净的白色给人以宽敞、开阔的视觉感受，黑色的几何图案则点缀出空间配色的层次感，也带来一份踏实、稳重之感

配饰：暖色的灯光在镜面的衬托下，光影层次更丰富，更有益于营造氛围

材质：玻化砖的耐磨性更高，比木地板更适合用在玄关

▲ **色彩：**地面的浅棕色使墙面的蓝色看起来柔和不少，使人的第一视感更加放松

家具：卡座与收纳柜完美结合，功能性与美观性兼备

材质：木地板的质感在灯光的映衬下，更突出，彰显出现代美式风格简单而不失精致的风格特点

◄┈┈┈

色彩：白色作为主色，让狭长的走廊看起来没有任何闭塞感，地板选择浅木色，既不会破坏室内简约、纯净的配色基调，还能为空间填补一份暖意

配饰：进门处铺设了一张地毯，成为走廊里的唯一装饰，让人一进门就能感受到家的温暖

材质：乳胶漆施工简单，简洁的白色也能充分彰显出现代美式风格简洁、大气的风采

▲ **色彩：**蓝色与白色的组合，不仅让人感到明快而清爽，还带来了都市的时尚之感，深度刻画了现代美式风格的随性格调

家具：鞋柜的样式简洁大方，能够保证日常生活的基本储物需求

材质：通透的玻璃推拉门作为空间隔断，不会让玄关产生闭塞感，同时也让其他相连空间拥有良好的采光与视觉上的开阔感

▲ **色彩：**墙面选用蓝色，让整个空间充满了安宁、静谧之感，黄色、绿色的点缀又为空间带来了活泼鲜亮的气息

配饰：玄关用壁灯做了辅助照明，完美提升了空间的氛围感

材质：仿古砖装饰的地面，层次分明，也为整个空间带来不可或缺的暖意

▲ **色彩：** 以淡淡的绿色为背景色，清爽中带有一份柔和感，搭配白色家具以及一些布艺元素，具有浓郁的生活气息，也更好地衬托出色彩的层次感

配饰： 绿植的点缀显得尤为夺目，为现代美式风格居室带来了浓郁的田园气息

材质： 深浅交替排列的仿古砖，很好地衬托出不同材料的质感，体现出搭配的重要性

▲ **色彩：** 白色与米白色的配色，很能体现现代美式风格家居大气而温馨的特点

家具： 定制的玄关柜更节省空间，中间设计成嵌入式壁龛，让简单的柜体看起来更有层次感，拿取物品也更方便

材质： 镜面的运用不仅能使玄关更有扩张感，还能当穿衣镜使用

◄ **色彩：** 以蓝色为整个空间的背景色，利用花艺、家具的颜色来提升层次，也是强调居室风格特点的绝佳手段

家具： 收纳柜是玄关装饰的一个亮点，复古的样式配上镂空的隔断，实现了小玄关的独立，还提供了不可多得的收纳空间

材质： 通过地砖颜色的变换来划分空间，巧妙地强调了每个功能区的空间感